Das Versagen der Straßenbahnbremsen.

Von

Dr.-Ing. **Erwin Kramer.**

Sonderabdruck aus „Elektrische Bahnen und Betriebe".

Zeitschrift für Verkehrs- und Transportwesen.

Herausgegeben von Professor WILHELM KÜBLER in DRESDEN-A.

(Verlag von R. Oldenbourg in München und Berlin W. 10.)

München und **Berlin.**

Druck und Verlag von R. Oldenbourg.

1906.

Einleitung.

Eine Frage, die in den Gerichtssälen außerordentlich häufig an den Sachverständigen herantritt, ist, ob es möglich ist, daß die sonst ordnungsgemäße Straßenbahnbremse im Augenblicke eines Unfalles ohne früher oder später bemerkbare Mängel versagen kann. Nicht allein technisch, sondern auch juristisch ist diese Frage von größter Bedeutung. Ist sie generell mit Ja zu beantworten, so ist es überhaupt nicht möglich, einen Fahrer wegen eines Zusammenstoßes verantwortlich zu machen, da ja stets gerade ein unglücklicher Umstand eingetreten sein konnte. Tatsächlich ist die Sachlage gegenwärtig leider so, daß sich die Möglichkeit eines derartigen Zufalles nicht ohne weiteres verneinen läßt. In jedem Falle muß vielmehr der ganze Vorgang eingehend untersucht und alle möglichen Zufälle müssen in Betracht gezogen werden; ja, man darf sogar nicht davor zurückschrecken, den Wagen in allen Teilen eingehend zu untersuchen und ev. auseinander zu bauen. Solche Untersuchungen sind allerdings bisher wenig durchgeführt worden, da sie einerseits sehr schwierig sind, anderseits aber vielfach die Erkenntnis der möglichen Zufälle eine unzureichende war.

Mit Ausnahme verschwindend weniger sind alle Straßenbahnwagen aus naheliegenden Gründen mit Bremsen versehen, die die Umdrehung der Räder hemmen und so das Arbeitsvermögen des Wagens aufheben. Es soll daher eine Beschränkung auf die letztgenannten in den nachfolgenden Betrachtungen stattfinden, aus denen sich allerdings unschwer ein Rückschluß auf andere Bremsarten machen läßt.

Abschnitt I.

Das scheinbare Versagen der Bremsen.

Unter den Störungen sind grundsätzlich zwei Erscheinungen zu unterscheiden: ein tatsächliches und ein scheinbares Versagen.

In überwiegender Mehrzahl tritt nur scheinbares Versagen ein. Dies geschieht jedesmal dann, wenn eine bei rollenden Rädern fest angezogene und dabei beträchtliche Leistung aufnehmende Bremse plötzlich die Räder feststellt. Der Wagen gerät dann ins Gleiten und die Bremsarbeit sinkt erheblich. Der Fahrer auf dem Wagen verspürt die Änderung in den Reibungsverhältnissen als heftigen Ruck und hat das Gefühl, als hätte die Bremse im Augenblick ihre Wirkung eingestellt; denn er ist natürlich nicht imstande, zu beurteilen, ob die Verzögerung etwa von 2 m pro Sekunde auf 0,7 m oder auf 0 m gesunken ist.

Die Erklärung des Vorganges ist einfach. Die Abhängigkeit der Reibungskoeffizienten zwischen Bremsklotz und Rad (μ_k) einerseits und Rad und Schiene (μ_s) anderseits sei durch die von Galton, Taschenbuch der Hütte, ermittelten Kurven gegeben (Fig. 129).[1]

Solange die Räder ohne Schlüpfung rollen, ist die abbremsbare Kraft gegeben mit

$$P' = 0{,}24\, G \quad \ldots \ldots \quad \text{Gl. 1}$$

(G = das Gewicht des Wagens). Die Geschwindigkeit des Wagens betrage z. B. 20 km pro Std. Der Fahrer habe die Bremse derart betätigt, daß er gerade die größte abbremsbare Kraft P' ausnutzt. So ergibt sich (Kraft = Masse × Beschleunigung bzw. Verzögerung)

$$P' = \frac{G}{g} \cdot p_1 \quad \ldots \ldots \quad \text{Gl. 2}$$

(g = Erdbeschleunigung, p_1 die jeweilige Verzögerung). Durch Kombination mit Gl. 1 erhält man

$$0{,}24\, G = \frac{G}{g} \cdot p_1$$

oder

$$p_1 = 0{,}24\, g \,\infty\, 2{,}4 \text{ m-Sek.}$$

---

[1] Vgl. E. B. 1904, Heft 12.

Die Verzögerung beträgt also in diesem Augenblicke 2,4 m pro Sek. Nimmt man die Körpergröße des Fahrers zu 1,5 m, seinen Schwerpunkt etwa in einer Höhe von 0,75 m vom Fuß und sein Gewicht G_1 zu 75 kg an, so ergibt sich ein Kippmoment M_1, das den Fahrer nach vorn überzukippen sucht, bei der angenommenen Verzögerung von 2,4 m:

$$M_1 = 0,75 \cdot \frac{75}{g} \cdot 2,4 \sim 13,5 \text{ mkg.}$$

Um nicht zu fallen, muß der Fahrer diesem Kippmoment eine gleiche Gegenkraft entgegensetzen. Werden nun

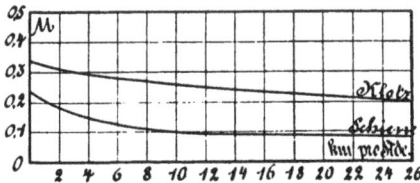

Fig. 129. Reibungskoeffizient zwischen Rad und Bremsklotz und Rad und Schiene.

plötzlich bei einer Geschwindigkeit von 15 km durch einen Zufall die Räder festgestellt, so fällt der Wert (μ_s) von 0,24 auf 0,085 herab (vgl. Fig. 129).

Die Verzögerung p_2 beträgt daher nur noch

$$p_2 = 0,085 \, g \sim 0,85 \text{ m pro Sek.}^2,$$

das Kippmoment, das der Fahrer aufzunehmen hat, nur noch

$$M_2 = 0,75 \cdot \frac{75}{g} \, 0,85 \sim 4,8 \text{ mkg;}$$

dabei sucht sich aber der Mann noch mit 13,5 mkg Drehmoment aufrecht zu erhalten. Der Fahrer droht daher mit einem Moment

$$M_3 = 13,5 - 4,8 \sim 8,7 \text{ mkg}$$

nach hinten umzufallen.

Es ist kein Wunder, daß sowohl er als auch die Fahrgäste, denen es ähnlich ergeht, in einem solchen Falle die Behauptung aufstellen, die Bremse habe plötzlich versagt, oder gar, der Wagen habe auf einmal einen Stromstoß aus der Oberleitung erhalten, der ihn mit neuer Kraft vorwärts getrieben habe. Es braucht nicht einmal eine Geschwindigkeit von 20 km vorzuliegen, um solche Erscheinungen zu zeitigen. Schon bei ganz kleinen Geschwindigkeiten ist der Wechsel der Kräfte hinreichend, um die Täuschung hervorzurufen. Genügen doch schon wenige Kilogramm Druck in der Schwerpunktsgegend, um einen darauf unvorbereiteten Menschen umzuwerfen. Ein Schaden an der Bremse zeigt sich dabei natürlich weder vor dem Zufall, noch ist er hinterher festzustellen.

Die äußerlichen Anlässe, die solche Zufälle herbeizuführen geeignet sind, sind bei weitem zahlreicher, als man gewöhnlich anzunehmen geneigt ist. Stets jedoch besteht ihre innere Ursache darin, daß die abbremsbare Kraft, wenn auch nur für einen Moment, kleiner ist als die, die die Bremse verlangt.

Bei K l o t z b r e m s e n tritt dies ganz einfach dadurch ein, daß die Klötze zu stark gegen die Räder gepreßt werden. Dazu bedarf es keineswegs einer mechanisch betätigten Bremse. Besitzt die Handbremse ausreichende Übersetzung, wie bei Spindelbremsen, so ist es ohne weiteres möglich, daß der Fahrer aus Angst oder Bestürzung in Gefahrfällen die Bremsklötze unzulässig fest anzieht. Gerät nun der Wagen ins Rutschen, so zieht der Mann die Bremse im ersten Schreck noch fester an, weil das seinem empirischen Empfinden angemessen erscheint; dreht er doch auch sonst die Bremse fester an, wenn er ihre Leistung für ungenügend hält.

Ganz ähnlich sind die Erscheinungen bei solchen Bremsen, bei denen die Klötze durch eine durch Friktion mit der Radachse gekuppelte Kettennuß angezogen werden, während die für die Bremsung maßgebende Friktionskraft von Hand erzeugt wird.

Von größerer Bedeutung sind die einschlägigen Verhältnisse bei der L u f t d r u c k b r e m s e; und zwar können die aus ihrer Eigenschaft als Radklotzbremse sich ergebenden Eigentümlichkeiten ohne weiteres rückwärts auf die zuvor genannten Bremsen übertragen werden.

Berücksichtigt man, daß das Maximum der Bremsleistung stets dann erreicht wird, wenn die abbremsbare Kraft (P') gleich der abgebremsten (P) ist, so ergibt sich für den bei den verschiedenen Geschwindigkeiten verwertbaren höchsten Druck (Q) auf die Bremsklötze die Beziehung:

$$Q = \frac{G \cdot \mu_s}{\mu_k}.$$

Setzt man in diese Gleichung die aus Fig. 129 ersichtlichen Werte μ_s und μ_k für verschiedene Geschwindigkeiten ein, so erhält man die mit »leer« oder »belastet« bezeichneten Kurven Fig. 130 unter der Voraussetzung, daß der leere Wagen 8,3 t einschl. Personal, der besetzte dagegen einschl. 30 Fahrgästen 10,550 t wiegt.

Um unter normalen Verhältnissen ein Feststellen der Räder auch bei unbesetzten Wagen mit Sicherheit zu vermeiden, darf man den Druck der Luftbremse, der bekanntlich während der Bremsung als konstant angesehen

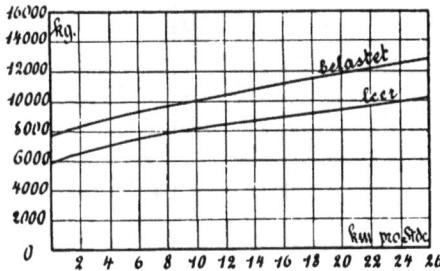

Fig. 130. Bremsdruck bei leeren und belasteten Wagen.

werden kann, nur so hoch bemessen, daß der Anpressungsdruck der Klötze nicht größer wird, als die Ordinate der »leer«-Kurve im Nullpunkte angibt; in diesem Falle also ca. 6000 kg. Diese Kurven sind für trockene Schienen entwickelt. Bei nassen Schienen liegen sie etwa um 10 % niedriger.[1]

Um möglichst hohe Bremsleistung zu erzielen, bemißt man den Bremsdruck möglichst nahe dieser Grenze. Seine Regelung wird seltener von Hand, meistens durch selbsttätige Apparate besorgt. Es ist ohne weiteres ersichtlich, daß, sobald die Regelung des Bremsdruckes nicht sorgfältig ausgeführt wird, die Räder festgestellt werden. Wird z. B. der zu 6000 kg festgelegte Druck nur um 20 % überschritten, so findet bei 10 km Fahrgeschwindigkeit Feststellung der Räder statt. Hat die Bremsung dabei etwa bei einer Geschwindigkeit von 15 km pro Std. begonnen, so besitzt die Bremsleistung zunächst einen hohen Wert, bis plötzlich die Räder festgestellt werden und damit der Wagen wegrutscht.

---

[1] Vgl. E. B. 1904, Heft 12.

Vor dem Augenblicke der Feststellung der Räder war nämlich die sekundliche Bremsleistung B_1:

$$B_1 = Q \cdot \mu_k \cdot v \text{ mkg},$$

wenn v die Wagengeschwindigkeit in m pro Sek. bedeutet.

Unmittelbar nach der Feststellung der Räder wird aber nur vernichtet die Leistung

$$B_2 = G \cdot \mu_s \cdot v \text{ mkg}.$$

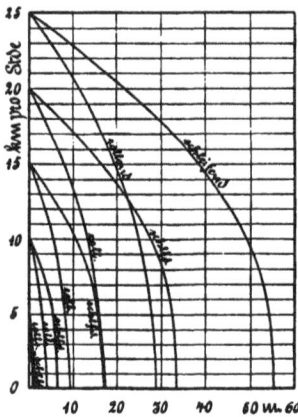

Fig. 131.
Bremswege bei rollenden und schleifenden Rädern.

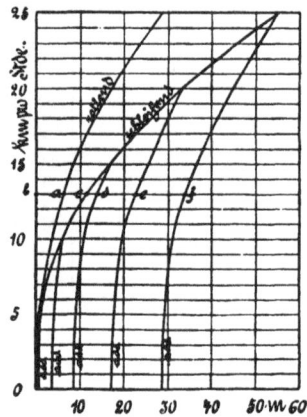

Fig. 132. Länge des rollend und schleifend zurückgelegten Teiles des Bremsweges.

Daher erhält man unter Berücksichtigung von Fig. 129:

$$\frac{B_1}{B_2} = \frac{Q \cdot \mu_k}{G \cdot \mu_s} = \frac{6000}{8300} \cdot \frac{0,24}{0,1}$$

und

$$B_1 = 1,74 \, B_2.$$

Findet die Bremsdruckregelung von Hand statt, so trifft den Fahrer die volle Verantwortung, wenn er den zulässigen Druck überschritten hat. Schwieriger gestaltet sich die Schuldfrage bei der Verwendung selbsttätiger Regulatoren.

Ein öfters zu Störungen Anlaß gebendes Organ ist die meist in Anwendung stehende Druckmembran. Hat sie durch Alter und Abnutzung, vielleicht auch Mangel an Wartung, ihre Elastizität verloren, so sind Fehler in der Druckregulierung um 20% und darüber gar nicht selten. Noch schlimmer und häufiger treten diese Erscheinungen bei Frostwetter auf, das häufig ein gänzliches Versagen der selbsttätigen Regelungseinrichtung hervorruft. Es ist dann unerläßlich, daß der Fahrer, namentlich mit Rücksicht auf die durch Salzstreuen feucht oder sogar schlüpfrig gehaltenen Schienen, durch häufiges Bremsen den Luftdruck innerhalb der zulässigen Grenzen hält, ungeachtet des dadurch bedingten erheblich höheren Arbeitsverbrauchs für Erzeugung der Preßluft.

Ein Bild von der Verlängerung der Bremswege im ebenen Gelände durch Feststellung der Räder bei ungünstigster schlüpfriger Gleisbeschaffenheit geben Fig. 133 u. f. Dabei ist vorauszuschicken, daß die große Mehrzahl aller Unfälle, die hier in Betracht kommen, bei richtigem Arbeiten des Sandstreuers zu vermeiden wären. Leider aber ist bislang noch kein solcher bekannt geworden, der vor Verstopfungen sicher ist, und letztere sind gerade deshalb doppelt gefährlich, weil sie vorzugsweise bei nasser, schlüpfriger Schienenbeschaffenheit, die ohnehin schlechte Bremswege verursacht, auftreten.

Die Möglichkeit der Vergrößerung der Bremsleistung durch Sandstreuen muß daher bei den nachstehenden Feststellungen außer Betracht bleiben.

Unter Beibehaltung der zuvor benutzten Bezeichnungen ergibt sich der Bremsweg s, der während der Abnahme der Wagengeschwindigkeit von v_1 auf v_2 zurückgelegt wird, aus der Gleichung

$$\frac{v_1{}^2}{2} \cdot \frac{G}{g} - \frac{v_2{}^2}{2} \cdot \frac{G}{g} = Q \cdot \mu_k \cdot s \quad . \quad . \quad \text{Gl. 3}$$

oder

$$s = \frac{G}{g} \cdot \frac{(v_1{}^2 - v_2{}^2)}{2 \cdot Q \cdot \mu_k} = \frac{G}{g} \cdot \frac{(v_1 + v_2) \cdot (v_1 - v_2)}{2 \cdot Q \cdot \mu_k}$$

für den Fall rollender Räder.

Während der unendlich kleinen Geschwindigkeitsabnahme dv folgt demnach

$$ds = \frac{G}{g} \cdot \frac{dv \cdot (2\,v_1 - dv)}{2 \cdot Q \cdot \mu_k}, \quad . \quad . \quad . \quad \text{Gl. 4}$$

wenn man berücksichtigt, daß

$$dv = v_1 - v_2 \text{ ist.}$$

Nach dem vorausgegangenen ist der Anpressungsdruck Q, mit Rücksicht auf die Möglichkeit des Ein-

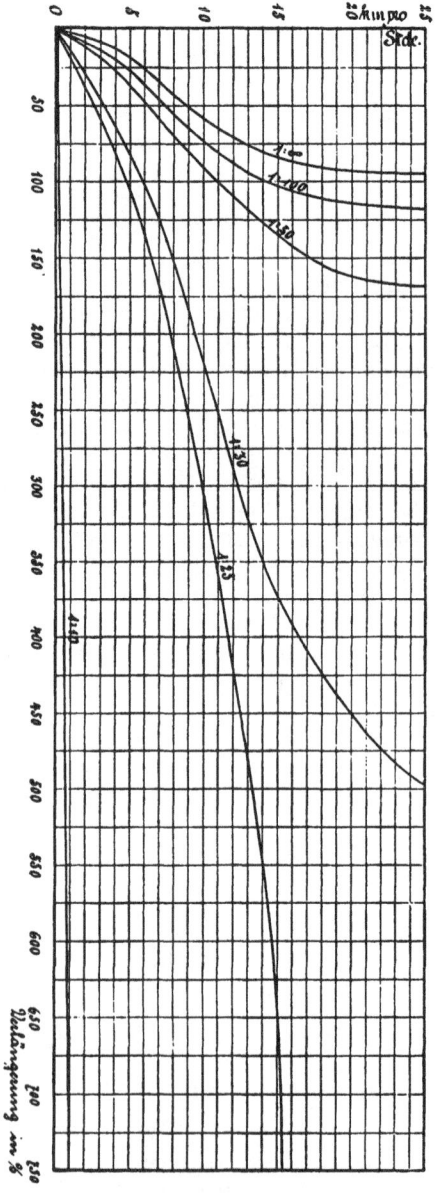

Fig. 133. Verlängerung des Bremsweges durch Schleifen der Räder.

tretens schlüpfriger Schienenbeschaffenheit, so zu bemessen, daß

$$Q = 0,9 \cdot \frac{G \cdot \mu_{s_0}}{\mu_{k_0}} \quad \dots \quad \text{Gl. 5}$$

ist. Durch Kombination dieser Gleichung mit Gl. 4 erhält man

$$ds = \frac{1}{0,9 \cdot g} \cdot \frac{\mu_{k_0}}{\mu_{s_0}} \cdot \frac{dv\,(2\,v_1 - dv)}{2 \cdot \mu_k}. \quad \dots \quad \text{Gl. 6}$$

Setzt man der Reihe nach bestimmte Werte für v_1 ein
und wählt dv so klein, daß man während der Abnahme
der Geschwindigkeit um den Betrag dv den Reibungskoeffizienten μ_k als konstant ansehen kann, so ergibt sich
der jeweilige Bremsweg ds. Dabei ist μ_k aus Fig. 129
zu entnehmen, und da diese Kurven für trockene Schienen
gelten, wegen der hier vorausgesetzten Schlüpfrigkeit mit
0,54 zu multiplizieren.[1]) Durch Fortsetzung dieses Ver-
fahrens und Eintragung
der gefundenen Werte
erhält man die mit »roll.«
bezeichneten Kurven in
Fig. 131. Sie sind für
Anfangsgeschwindig-
keiten von 25, 20, 15,
10 und 5 km pro Std.
bestimmt worden und
lassen die zugehörigen
Bremswege s in Metern
erkennen. Vorausset-
zung ist dabei, wie
überhaupt im folgenden,
die allerdings in der
Praxis nicht ganz zu-
treffende Annahme, daß
der Bremsdruck wäh-
rend der ganzen Brems-

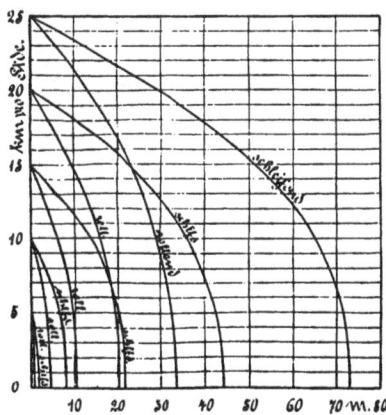

Fig. 134.
Bremswege bei 1 : 100 Steigung.

periode konstant ist. — Als Gegenstück sind, von denselben Anfangsgeschwindigkeiten beginnend, die Kurven
für Gleiten des Wagens, also bei vollkommen festgestellten
Rädern, entwickelt. Für diesen Fall gilt die Beziehung

$$\frac{v_1^2}{2} \cdot \frac{G}{g} - \frac{v_2^2}{2} \cdot \frac{G}{g} = G \cdot \mu_s \cdot s' \quad \dots \quad \text{Gl. 7}$$

[1]) Vgl. E. B. 1904, Heft 12.

oder entsprechend den vorher entwickelten Gleichungen

$$ds' = \frac{1}{g} \cdot \frac{dv \cdot (2v_1 - dv)}{2 \cdot \mu_s}. \qquad . \quad . \quad \text{Gl. 8}$$

Die Gleichung liefert nach der bereits besprochenen Methode die Kurven, die mit »schlfd.« bezeichnet sind (siehe Fig. 131), unter Benutzung der nach Fig. 129 zu ermittelnden Reibungskoeffizienten.[1) Es zeigt sich hier

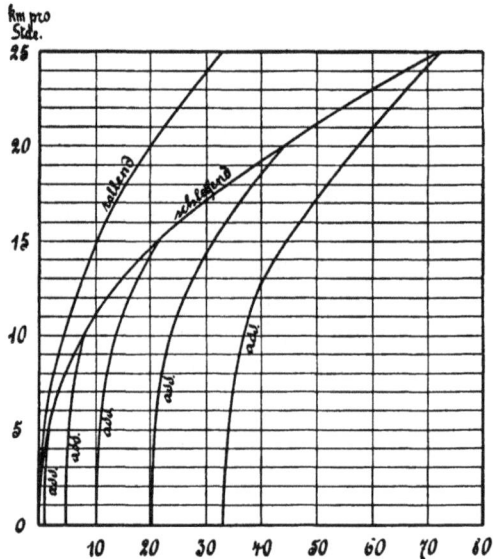

Fig. 135. Verteilung der Bremswege bei 1 : 100 Steigung

schon, daß ganz erheblich längere Bremswege bei schleifenden als bei rollenden Rädern entstehen.

Eine noch bessere Übersicht gibt Fig. 132.

Entnimmt man aus Fig. 131 die Bremswege einerseits bei rollenden, anderseits bei gleitenden Rädern und trägt sie als Abszissen, die Anfangsgeschwindigkeiten als Ordinaten in Fig. 132 ein, so ergeben sich die mit »roll.« und »schlfd.« bezeichneten Übersichtskurven. Aus ihnen ist ohne weiteres die Länge eines Bremsweges bei gegebener Anfangsgeschwindigkeit zu entnehmen.

Bestimmt man nun die Projektionen einzelner Elemente der Rollkurve auf die Horizontalen, die durch den

---

[1) Vgl. E. B. 1904, Heft 12.

unteren Endpunkt des Rollkurventeiles gehen, und trägt
sie auf derselben Wagerechten an die Gleitkurve nach
rechts an, so ergeben sich neue Kurven, die in Fig. 132
mit »Add.« (Additionskurven) bezeichnet sind, und zwar

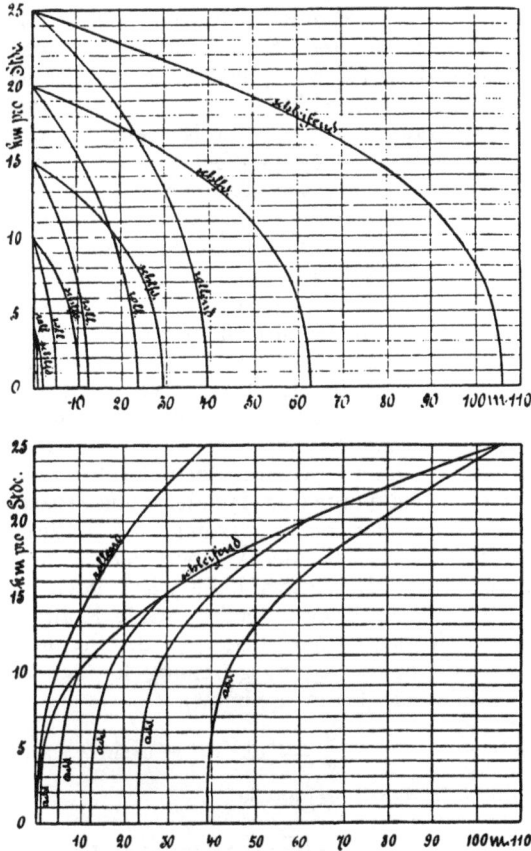

Fig. 136 und 137. Bremswege bei rollenden und schleifenden Rädern.
Steigung 1 : 50.

beginnt deren oberes Ende jedesmal auf der Gleitkurve
bei der betreffenden oberen Geschwindigkeit, von der aus
der Beginn der Bremsung angenommen wird. Entsprechend dem voraufgegangenen sind hier die Additionskurven für obere Geschwindigkeiten von 25, 20, 15,

10 und 5 km pro Std. entworfen. Mit ihrer Hilfe läßt sich ohne weiteres ein Bremsweg feststellen, über den die Räder zunächst gerollt, dann aber geglitten sind. Die Bremsung habe z. B. bei 26 km pro Std. Geschwindigkeit begonnen, während bei 13 km pro Std. die Räder festgestellt worden sind. Um den Bremsweg festzustellen, verfolge man die Rollkurve bis zu ihrem Schnittpunkte mit der 13 km Wagerechten, d. h. bis zu *a*, und gehe auf der letzteren bis *f*, d. h. dem Schnittpunkte mit der aus dem 25 km-Punkt kommenden Additionskurve, dann ist der gesamte Bremsweg durch die Strecke *bf* gegeben. — Hätte die Bremsung unter sonst gleichen Verhältnissen bei 20 km pro Std. begonnen, so wäre der Bremsweg nur *be*, bei einer Anfangsgeschwindigkeit von 15 km pro Std. dagegen *bd* usw.

Aus den Gleit- und Rollkurven lassen sich schließlich die durch Gleiten der Räder verlängerten Bremswege im Verhältnis zu dem bei rollenden Rädern zu erzielenden Wege in Prozenten bestimmen (Fig. 133). Für den vorliegenden Fall ist die mit $1 : \infty$ bezeichnete Kurve zu benutzen.

Es ist aus den Kurven ersichtlich, wie gefährlich ein Übergang der Rollbewegung der Räder in den Gleitzustand werden kann. Nimmt doch der Bremsweg bei höheren Geschwindigkeiten um Hunderte von Prozenten zu.

Weit unheilvoller noch gestalten sich natürlich die Verhältnisse, wenn sich der Wagen gerade auf einer Neigung befindet. In diesem Falle wirkt noch die den Wagen die schiefe Ebene herabziehende Kraft $G \sin \alpha$, wenn α den Neigungswinkel bedeutet, der Bremsung entgegen, so daß die Bewegungsgleichung für den Zustand rollender Räder die Form annimmt:

$$\frac{v_1^2}{2} \cdot \frac{G}{g} - \frac{v_2^2}{2} \cdot \frac{G}{g} = [Q \cdot \mu_k - G \sin \alpha] \cdot s_1; \quad \text{Gl. 9}$$

für gleitende Räder dagegen ist

$$\frac{v_1^2}{2} \cdot \frac{G}{g} - \frac{v_2^2}{2} \cdot \frac{G}{g} = [G \cdot \cos \alpha - G \sin \alpha] \cdot s_2. \quad \text{Gl. 10}$$

Entsprechend den zuvor entwickelten Gleichungen ergibt sich aus diesen letzteren

$$ds_1 = \frac{\mu_{k_0}}{g} \cdot \frac{dv \cdot (2\,v_1 - dv)}{2 \cdot 0{,}9 \cdot \mu_{s_0} \cdot \mu_k - \sin \alpha \cdot \mu_{k_0})} \quad \text{Gl. 11}$$

und

$$ds_2 = \frac{1}{g} \cdot \frac{dv \cdot (2\,v_1 - dv)}{2\,(\cos \alpha \cdot \mu_s - \sin \alpha)} \quad \text{Gl. 12}$$

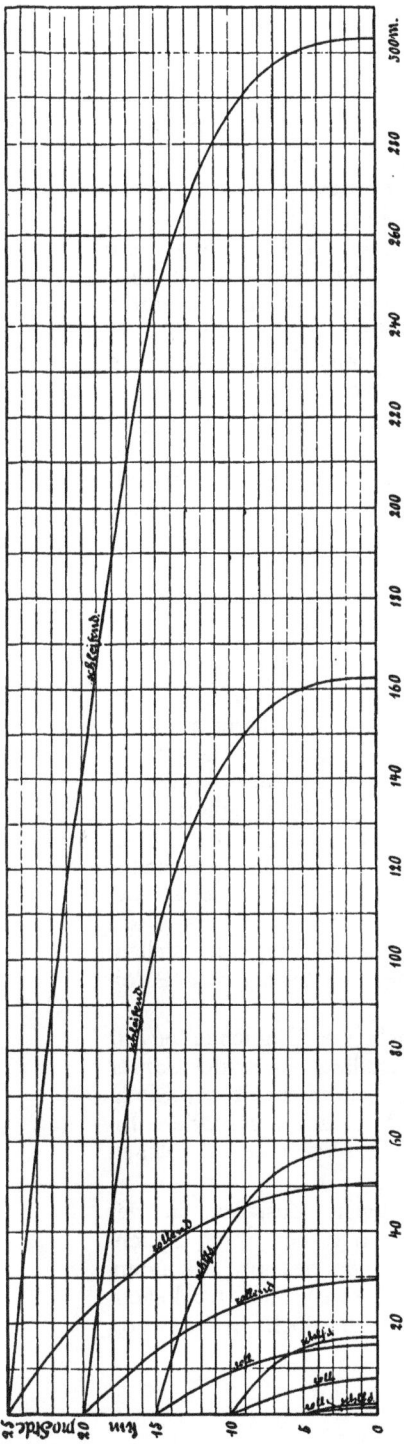

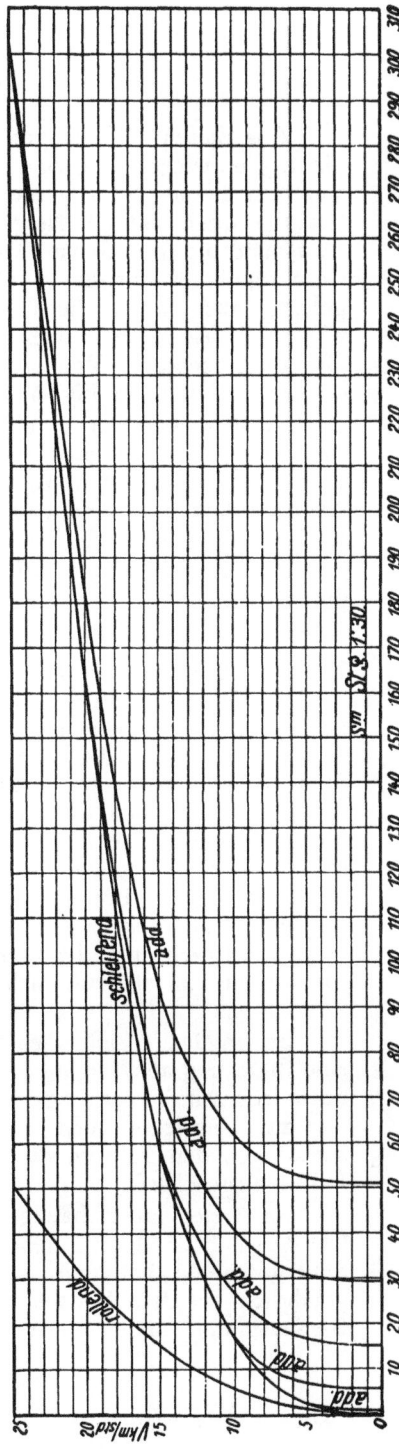

Fig. 138 und 139. Bremswege bei rollenden und schleifenden Rädern. Steigung 1 : 30.

Aus diesen Beziehungen sind die Kurven Fig. 134
bis 143 entwickelt; sie sind analog denen, die zuvor erläutert und mit 1 : ∞ bezeichnet worden sind. In Betracht gezogen sind die Neigungen 1 : 100, 1 : 50, 1 : 30,
1 : 25 und 1 : 10. Genau wie zuvor sind zunächst die
Geschwindigkeitsabnahmen über den Bremswegen fest-
gelegt, aus diesen die Übersichts- und aus letzteren
wieder die Additionskurven bestimmt. Die Schaubilder
für die prozentuale Verlängerung des Bremsweges sind
dagegen sämtlich in Fig. 133 eingetragen.

Entsprechend der zunehmenden Neigung verlängern
sich die Bremswege ganz erheblich, bis bei der Neigung
von 1 : 25 (Fig. 140 u. 141) bei etwa 20 km pro Std.
Geschwindigkeit ein endlicher Bremsweg bei schleifenden
Rädern überhaupt nicht mehr möglich ist.

Rechnerisch erklärt sich dies aus Gleichung 10 dadurch, daß

$$G \cdot \sin \alpha > G \cdot \cos \alpha \cdot \mu_s.$$

Es lassen sich daher die Additionskurven Fig. 141 nur bis
zu einer Maximalgeschwindigkeit von 15 km pro Std. durch-
bilden. Praktisch bedeutet dies, daß der Fahrer auf einer
derartigen Neigung bei der vorausgesetzten ungünstigen
Schienenbeschaffenheit niemals eine Geschwindigkeit zulassen darf, die sich der kritischen Grenze nähert. Bei
noch steileren Neigungen, z. B. 1 : 10 (Fig. 142 u. 143),
ist schließlich bei gleitenden Rädern beinahe überhaupt
keine verzögerte Bewegung zu erreichen. Selbst bei
rollenden Rädern genügen dann wenig mehr als 5 km
Geschwindigkeit, um die Bremsung in Frage zu stellen.
Für diesen Fall erübrigt sich die Aufstellung von Additionskurven.

So ungünstig sich aber auch die Möglichkeiten für
eine Bremsung auf Neigungen gestalten, so ist der Fahrer
doch jederzeit in der Lage, die Gefährlichkeit der Situa-
tion zu überblicken, und man hat durch besondere In-
struktionen den Fahrern die größte Vorsicht in solchen
Fällen eingeschärft.

Es treten aber häufig kritische Zustände in der
Gleisbeschaffenheit auf, denen man bisher wenig Beach-
tung geschenkt hat und die gerade deshalb besonders
gefährlich werden können. Bei sonst fast trockenem
Gleiszustande finden sich nämlich doch Stellen von

schlüpfriger Beschaffenheit. Die Ursachen dafür sind mannigfach. Die sonnenbeschienene Straße ist vorher mit Wasser besprengt worden. An einzelnen Stellen werfen Bäume Schatten auf das Gleis, so daß hier noch

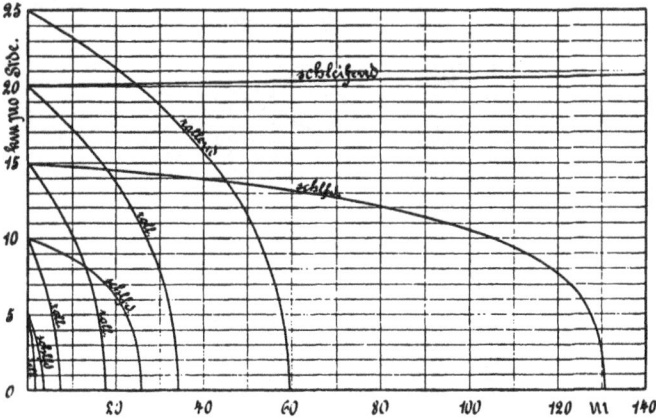

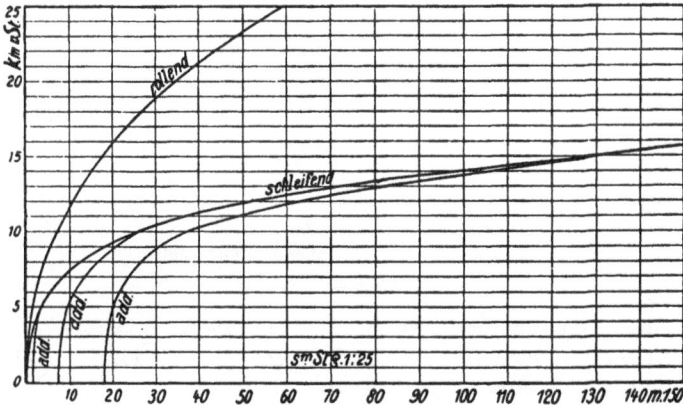

Fig. 140 und 141. Bremswege bei rollenden und schleifenden Rädern. Steigung 1 : 25.

nasse Stellen vorhanden sind, während der übrige Bahnkörper abgetrocknet ist; oder vereinzelt stehende Bäume haben im Herbst Blätter fallen lassen, oder in einer befrorenen schattigen Straße scheint durch eine schmale

Querstraße die Sonne auf das Gleis; oder vor einem Brunnen hat sich eine Lache gebildet u. dgl. m.

Der Wagen gelange nun in die Nähe einer solchen Stelle. Der Fahrer habe die Bremsung bei 20 km pro Std. Fahrgeschwindigkeit eingeleitet; sie sei in dem Augenblick, wo der Wagen auf die schlüpfrige Stelle gelangt,

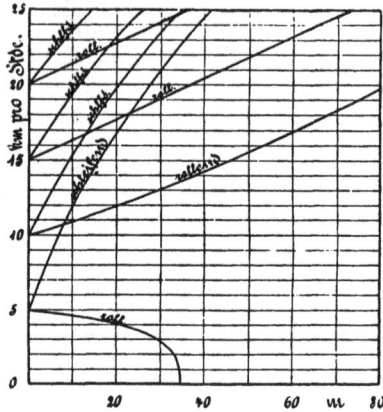

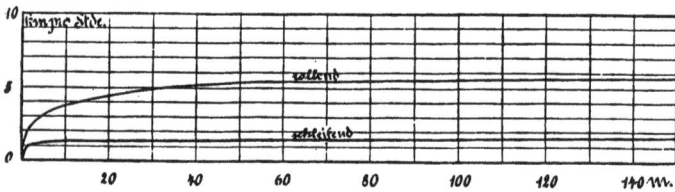

Fig. 142 und 143. Bremswege bei rollenden und schleifenden Rädern. Steigung 1 : 10.

auf 15 km pro Std. gesunken. Da werden plötzlich die Räder festgestellt, und der Wagen rutscht davon, ohne daß der Fahrer irgend etwas an der Bremse geändert hätte, und das bei vollkommen ordnungsmäßiger Beschaffenheit der Bremse.

Das Rad c (Fig. 144) rollt auf der trockenen Schiene a. Zwischen c und a herrscht ruhende Reibung, zwischen dem Bremsklotz d und dem Rade c hingegen gleitende. Bei den angenommenen Verhältnissen ist die durch d abgebremste Kraft P

$$P = Q \cdot \mu_{k(1,3)} = 6000 \cdot 0{,}23 = 1380 \text{ kg,}$$

die abbremsbare Kraft P' dagegen

$$P' = G \cdot \mu_{s_0} = 8300 \cdot 0,24 = 1990 \text{ kg.}$$

Es ist also $P' > P$, d. h. das Rad bleibt im Rollen.

Nun gelangt aber das Rad mit seiner untersten Stelle in die schmierige Stelle b. Es tritt zwischen c und a plötzlich eine um $50\,^0/_0$ verringerte Reibung ein, während zwischen b und a noch trockene Reibung herrscht, da erst die Schmiere in Richtung des Pfeiles f durch das Rad herumtransportiert werden muß.

Es sinkt also P' auf den Wert

$$P'' = \frac{G}{2} \cdot \mu_{s_0} = 995 \text{ kg,}$$

während P seinen Wert von 1380 kg behält. Demgemäß wird sofort das Rad c festgestellt. Mit dem Augenblick der Feststellung kehren sich aber die Verhältnisse um. Zwischen c und a tritt ruhende Reibung ein, d. h. die Kraft P nimmt den Wert an P_1:

$$P_1 = Q \cdot \mu_{k_0} = 6000 \cdot 0,33 = 1980 \text{ kg.}$$

Den gleichen Wert erreicht P'' erst wieder bei trockenen Schienen und bei der Geschwindigkeit Null, da dann

$$P'' = G \cdot \mu_{s_0} = 8300 \cdot 0,24 = 1990 \text{ kg ist.}$$

Es folgt, daß die einmal zum Stillstand gelangten Räder nicht wieder zum Rollen kommen. Will es der Zufall, daß die schmierige Gleis-stelle größere Ausdehnung be-sitzt, so wird der Bremsweg abermals bedeutend verschlech-tert, denn in dem Falle ist für den Bremsweg dauernd der äußerst geringe Koeffizient glei-tender Reibung bei nassen Schienen ausschlaggebend.

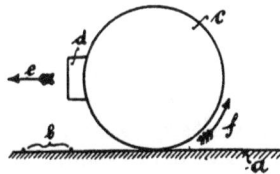

Fig. 144.

Geradezu verderbliche Wir-kung kann ein solcher Zufall natürlich haben, wenn der Wagen sich auf einer Neigung befindet und statt einer Verzögerung eine beschleunigte Bewegung annimmt.

Die einzige Abhilfe, um dem Gleiten der Räder ent-gegenzutreten, ist, wie schon zuvor bemerkt, eine genaue Kontrolle des Luftdruckes. Es darf auf keinen Fall der einmal als zulässig festgelegte Luftdruck überschritten

3*

werden. Doch darf man auch anderseits nicht zu tief darunter bleiben, da sonst infolge zu geringer Anpressung der Klötze der Bremsweg ebenfalls verschlechtert wird. Tritt aber der Zufall letztgenannter Art hinzu, daß der Wagen während der Bremsung von einem trockenen Gleis auf nasses oder gar schmieriges übergeht, so ist die Aussicht auf rechtzeitiges Halten des Wagens sehr gering. Wie bekannt, ist zur Füllung des Bremszylinders ca. 1 Sek. erforderlich; zur Entleerung ebensoviel. Bei rutschenden, festgestellten Rädern auf nassen Schienen und gleichzeitiger trockener Reibung zwischen Rad und Klotz beträgt die abbremsbare Kraft

$$P' = G \cdot \mu_s.$$

Nimmt man wieder denselben Wagen und eine Geschwindigkeit von 10 km pro Std. an, so folgt

$$P' = G \cdot \mu_{s(10)} = 8300 \cdot 0,05 = 415 \text{ kg.}$$

Für den angenommenen Fall beträgt aber die abgebremste Kraft

$$P = Q \cdot \mu_{k_0}.$$

Damit daher zwischen der abbremsbaren Kraft P' und der abgebremsten P Gleichgewicht eintritt, muß sein:

$$P = P' = Q \cdot \mu_{k_0} = G \cdot \mu_{s(10)}$$

$$Q = \frac{G \cdot \mu_{s(10)}}{\mu_{k_0}} = \frac{415}{0,33} = 1260 \text{ kg.}$$

Der Luftdruck muß also auf $^1/_5$ seines ursprünglichen Wertes gemindert werden, bevor die Räder wieder ins Rollen kommen. Praktisch muß also zur Erzielung des Rollens mit Sicherheit die gesamte Luft ab- und dann wieder neu eingelassen werden. Um dies richtig und zuverlässig auszuführen, sind 3 Sek. erforderlich. Was 3 Sek. ohne Bremsung im Notfalle bedeuten, erhellt ohne weiteres, wenn man bedenkt, daß ordnungsmäßige Bremsungen überhaupt nur 4 bis 5 Sek. dauern. Eine solche Maßnahme kann auch nur durch kaltblütige, besonnene Fahrer verrichtet werden; ist doch der Fahrer der erste, der gefährdet ist. Nur zu leicht gibt der Fahrer daher zu früh neue Luft in den Bremszylinder, bevor die Räder wieder ins Rollen gekommen sind, und der Zusammenstoß erfolgt, ehe er seine Maßnahme wiederholen kann. Schließlich widerspricht es der empirischen Auffassung des Fahrers, eine Verbesserung des Bremseffektes durch

Lösung der Bremse anzustreben. Naturgemäß sucht er vielmehr das Bremsorgan noch weiter zu öffnen, den Bremshebel so weit als irgend möglich in die Notbremsstellung zu drehen. Um einem Fahrer aus der Nichtbefolgung einer solchen Vorschrift einen Vorwurf machen zu können, müßte man ihn, den man in der regulären Bedienung des Schalters wochenlang ausbildet, mindestens ebenso auf diesen Zufall trainieren, indem man diesen künstlich erzeugt.

Wenn bei der Luftbremse einzelne Zufälle zusammentreffen müssen, um ein solches scheinbares Versagen hervorzurufen, so sind die elektromagnetischen Scheibenbremsen auch ohne sie geradezu dazu prädestiniert. Bekanntlich ist es bei ihnen nicht möglich, die Bremskraft willkürlich zu regeln[1]), sondern die Bremsung tritt in der Regel mit einem plötzlichen Ruck ein, der oft auch bei trockenen Schienen die Räder zum Gleiten bringt und bei nassen Schienen außerordentlich häufig.

Sind die Schienen trocken, so kommen allerdings die Räder in der Regel nach kurzer Zeit wieder zum Rollen, da kurz nach dem Stillstand der Räder auch der in den Motoren erzeugte Strom verschwindet und die Reibung zwischen Rad und Schiene noch groß genug ist, um die aus bekannten Ursachen aneinanderhaftenden Scheiben zu¹ trennen. Anders bei nassen Schienen! Trotz des Aufhörens des Stromes kleben die Scheiben aneinander, und der Wagen rutscht davon. Während es bei der Luftbremse eines unglücklichen Zufalles bedarf, um zwischen den arbeitverrichtenden Reibflächen trockene Reibung bei gleichzeitiger Schlüpfrigkeit zwischen Rad und Schiene zu erzielen, ist dieser Zustand bei der Scheibenbremse der Normalzustand, da sich der Schienenzustand den Reibflächen nicht mitteilt.

Um die Stöße der Scheibenbremse abzumindern, hat man vielfach die gleichzeitige Benutzung der Handbremse vorgeschrieben. Aber damit hat man den Teufel mit Beelzebub vertrieben. Wird einerseits der unangenehme Stoß abgeschwächt, so wird anderseits die Gefahr der Feststellung der Räder erheblich erhöht.

Da die Handbremsen ausschließlich aus Radklotzbremsen bestehen, so leiden sie an denselben Mängeln

---

[1]) Vgl. E. B. Jahrg. 1904, Heft 14, S. 248, 249, 250.

wie die Luftbremsen, nur mit dem Unterschiede, daß die
erzielte Kraft, solange keine Spindelbremsen benutzt
werden, an sich nicht ausreicht, um die Räder ins Gleiten
zu bringen. Um so leichter geschieht es, wenn z. B.
bereits $^3/_4$ der abbremsbaren Kraft durch die Scheibenbremsen vernichtet wird. In einem solchen Falle würde
die Handbremse ohne weiteres das ausschlaggebende
Moment für die Feststellung der Räder bieten.

Aber auch vorausgesetzt, beide zusammen hätten
diese Wirkung nicht ergeben, so ist nach dem Voraut-
gegangenen der Übergang von einer trockenen Gleis-
strecke in eine schlüpfrige ohne weiteres dazu geeignet.

Als Abhilfe gegen diesen Übelstand hat man vielfach die Vorschrift erlassen, die Bremsen bei Gleiten der
Räder zu lösen und von neuem zu betätigen. Nicht
immer gelingt dies bei der Scheibenbremse, wie bereits
oben angedeutet. Aber auch, wenn wirklich die Lösung
der Scheiben durch Ausschalten des Stromes eintritt, so
ist damit noch kein guter Bremsweg gewährleistet, denn
das unmittelbar darauffolgende Neueinschalten der Bremse
führt häufig genug abermals zur Feststellung der Räder,
so daß die vorige Maßnahme wiederholt werden muß.
Zwischen je einer Aus- und Wiedereinschaltung des
Stromes rollt aber der Wagen ungebremst dahin; ja, es
kann schließlich dahin kommen, daß das Hin- und Her-
schalten die Ursache des Zusammenstoßes wird; namentlich wenn der Abstand von dem die Fahrt versperrenden
Gegenstande nicht mehr groß ist, ist es fraglich, ob
nicht sogar die bessere Wirkung mit dauerndem Gleiten
der Räder erzielt wird. Ist dabei gleichzeitig die Betä-
tigung der Handbremse vorgeschrieben, so muß auch
diese jedesmal gelöst werden; denn auch sie ist imstande,
wenn die Räder erst einmal festgestellt sind, sie in diesem
Zustande zu halten, insbesondere bei höheren Fahrgeschwindigkeiten und bei Wechsel in der Gleisbeschaffenheit.

Bei hoher Geschwindigkeit schließlich ist bei der
Scheibenbremse der Eindruck plötzlichen Versagens auf
die Wageninsassen noch größer als bei der Luftbremse.
Die Leistung der letzteren nimmt nämlich (vgl. Fig. 129)
wegen der zwischen Rad und Klotz sinkenden Reibung
mit höherer Fahrgeschwindigkeit ab. Hingegen sind
größere, durch schnelleres Schalten erzeugte Stromstärken
imstande, mittels der Scheibenbremse stets dieselbe Ar-

beit pro Radumdrehung zu vernichten. Daher ist auch die Differenz zwischen den Verzögerungen vor und nach dem Feststellen der Räder häufig bei der Scheibenbremse um so beträchtlicher, und damit auch das auf den Fahrer ausgelöste Kippmoment, das ihn an Versagen der Bremse glauben läßt.

Die dritte Art der in Aufnahme gekommenen Kraftbremsen sind endlich die sog. Solenoidbremsen, die mit Hilfe eines von den Motoren gespeisten Elektromagneten die Klötze anpressen. Diese sind einerseits naturgemäß den gleichen Zufällen wie die Luftbremsen unterworfen, da auch sie von der Schienenbeschaffenheit beeinflußte Reibflächen besitzen, anderseits haften ihnen aber im allgemeinen auch die gleichen Fehler an, die die Elektromagnete in den Scheibenbremsen haben: sie ziehen mit einem plötzlichen Ruck an.[1]) Auch bei ihnen liegt daher die Gefahr nahe, daß die Räder selbst bei trockenen Schienen festgestellt werden, um so mehr, wenn dabei gleichfalls die Benutzung der Handbremse verlangt wird. Vor den Scheibenbremsen besitzen sie e i n e n Vorzug. Sobald die Stromerzeugung aufgehört hat, lassen sie wieder los, ohne zu kleben. Jedoch bedarf es bekanntlich einer höheren Stromstärke, um einen Elektromagneten zum Anzug zu bringen, als um den Anker festzuhalten. Der Strom muß daher beinahe den Wert Null annehmen, bevor das Solenoid den Kern losläßt. Infolge der unvermeidlichen Selbstinduktion dauert das außerdem eine für eine Bremsung immerhin nicht unbeträchtliche Zeit. Deshalb gleitet auch hier der Wagen einige Meter, bevor die Räder ins Rollen kommen. Hat der Fahrer inzwischen den Strom ausgeschaltet, so liegt die Gefahr vor, daß er die Räder bei Wiedereinschaltung von neuem feststellt. Läßt er die Schaltkurbel hingegen in der vorigen Stellung stehen, so tritt in der Regel ebenfalls von neuem ein Gleiten der Räder ein. Die gleichzeitige Benutzung der Handbremse kann hier noch schädlicher als bei der Scheibenbremse wirken. Hat bei höherer Fahrgeschwindigkeit das Solenoid seinen Kern tief eingezogen, so ist es dem Fahrer ein leichtes, die Handbremse in einem Maße anzuziehen, wie es von Hand sonst nicht möglich ist. Dabei kann er gerade, wie bei der Scheibenbremse,

---

[1]) Vgl. E. B., Jahrg. 1904, Heft 16, S. 291, 292.

durch die zusätzliche Kraft, die er ausübt, die Feststellung
der Räder bewirken. Nun nutzt aber auch das Ausschalten des Stromes nichts mehr, wenn die Räder fest-
stehen; die Handbremse ist zu einer Sperrung für das
Solenoid geworden.

Bei der Lösung der auf diese Weise außerordentlich stark angezogenen Handbremse läuft aber schließlich
der Fahrer noch Gefahr, die zurückschlagende Kurbel
nicht mehr beherrschen zu können, so daß sie ihm vor
die Brust schlägt.

Ebenso verkehrt ist es natürlich, durch andere me-
chanische Mittel, z. B. durch Ölpuffer, den Kern des Solenoides in jeder Stellung festzuhalten.

Eine wirksame Abhilfe der vorerwähnten Übelstände
wird nur durch die Verwendung von solchen Solenoiden
erzielt, die z. B. mit Hilfe künstlicher Kraftlinienschwächung
bei Anzug des Kernes der Stromstärke gehorchen und
für jede Stromstärke eine bestimmte Stellung des Kernes
annehmen. Für den Fahrer wird dadurch die Möglichkeit geschaffen, eine ebenso stoßfreie Bremsung auszuführen wie mit der Luftbremse, und somit fällt die Haupt-
ursache der Radfeststellung bei elektromagnetischen
Bremsen, nämlich die Stoßwirkung, fort. Es erübrigt
daher auch die Benutzung der Handbremse. Als Folge
der Selbstinduktion ist es dabei möglich, den Wagen bis
zum Stillstand zu bremsen, da der Strom nicht propor-
tional der Radumdrehung abnimmt, sondern eine kurze
Zeit nachschwingt. So angenehm aber auch diese Erscheinung in der vorgenannten Beziehung ist, so hat sie
doch auch ihre Schattenseiten.

Schaltet der Fahrer einmal die Bremskontakte zu
schnell ab, so ist es möglich, daß die abgebremste Kraft
größer als die abbremsbare wird. Die Räder geraten ins
Schlüpfen. Nun sollte eigentlich entsprechend der Abnahme der Radwinkelgeschwindigkeit auch der Strom
und damit die Kraft des Solenoides sinken. Die Selbstinduktion verzögert jedoch den Strom derart, daß die
Zugkraft des Solenoides nicht schnell genug abnimmt,
so daß, wenn auch nur für Bruchteile einer Sekunde, die
Räder schleifen. Im nächsten Augenblick nehmen sie
indessen sofort ihre rollende Bewegung wieder an, so
daß tatsächlich eine solche Bremse eine Art Selbstregulierung besitzt. Nach erfolgtem Stillstand des Wagens

ist natürlich ein sanftes Andrehen der Handbremse geboten, um den Wagen, z. B. auf Steigungen, nicht fortrollen zu lassen.

Aber auch diese Maßnahme kann vermieden werden durch die Anordnung einer mechanischen Sperrung an dem Solenoidkern. Sie darf nur nicht, wie schon oben gezeigt, unbedingt die Festhaltung des Kernes bewirken. Vielmehr muß sie einen solchen Rückgang des Kernes gestatten, daß auch die bereits durch den Strom festgestellten Räder nach Aufhören des Stromes wieder ins Rollen kommen. Solche Sperrungen sind bereits mit Erfolg, z. B. von der Kontinentalen Bremsengesellschaft, ausgeführt worden.

Nicht nur bei Bahnen mit vorwiegend ebenem Gelände, sondern auch bei solchen mit nicht zu großen Steigungen sind diese Bremsen von ziemlich hoher Vollkommenheit. Es sei wieder der ungünstigste Fall, daß die Bremsung auf der Steigung bei zunächst trockenen, dann aber schlüpfrigen Gleisen stattfinde, vorausgesetzt: Wie vorhin festgestellt war, dürfte in dem angezogenen Beispiel der Anpressungsdruck der Klötze, um dauerndes Schleifen zu vermeiden, nur den Wert haben

$$Q = 1260 \text{ kg.}$$

Auf den Wagen wird aber in der Neigung eine abwärts gerichtete Kraft ausgeübt:

$$K = G \cdot \sin \alpha.$$

Um den Wagen in der Ruhe zu halten, muß daher die Bremskraft P der Kraft K das Gleichgewicht halten; in diesem Falle muß also sein

$$P = K$$
$$Q \cdot \mu_{k_0} = G \cdot \sin \alpha.$$

Im ungünstigsten Fall für schlüpfrige Schienen ist

$$\mu_{k_0} = 0,5 \cdot 0,33 = 0,165$$

und daher

$$\sin \alpha = \frac{Q \cdot \mu_{k_0}}{G} = \frac{1260}{8300} \cdot 0,165$$

daraus folgt

$$\sin \alpha = 0,02508$$
$$\alpha = 1^0\ 25'$$
$$\text{tg}\,\alpha = 0,02508,$$

das heißt, der Höchstwert der mit selbstsperrender Solenoidbremse unter Berücksichtigung aller, selbst extremer Zufälle zu befahrenden Steigung ist 1 : 40. Dann bietet die selbstsperrende Solenoidbremse gegenüber der Luftdruckbremse eine bedeutend höhere Sicherheit im Betriebe, da sie sich selbst bei ganz abnormen Zufällen selbsttätig regelt. Verzichtet man aber zwecks Befahrung größerer Steigungen auf diese automatische Regelung, so ergeben sich immer noch gegenüber der Luftbremse erhebliche Vorteile bezüglich der Sicherheit.

Wenn man nämlich bedenkt, daß die vollkommene Lösung einer solchen Bremse, namentlich, wenn sie durch einen besonderen Handgriff geschieht, nur Bruchteile einer Sekunde in Anspruch nimmt und nicht, wie bei der Luftbremse, mehrere Sekunden, so erkennt man, daß bei dieser der Fahrer selbst im Falle der Gefahr die Lösung der Bremse vornehmen kann. Besonders bequem ist das bei Vorhandensein des erwähnten Lösehandgriffes, da hier die Fahrkurbel ruhig auf den Bremsstellungen verweilen kann, während die Lösung vor sich geht. Kommen dann die Räder wieder ins Rollen, so zieht sich ohne weiteres Zutun des Fahrers die Bremse, entsprechend der erneuten Stromerzeugung, von neuem an. Wesentlich ist endlich, daß die Bedienung in Betriebs- wie Gefahrfällen die gleiche ist, so daß der Fahrer stets seine gewohnten Griffe ausübt, ein wichtiger Faktor, um das scheinbare Versagen der Bremse zu verhindern.

Die primitivste Art zu bremsen, nämlich durch Kurzschluß der Motoren, nimmt eine Mittelstellung zwischen den besprochenen Systemen ein. Die gleichzeitige Verwendung der Handbremse ist bei ihr stets geboten, da sonst eine Ankerbeschädigung die ganze Bremsung in Frage stellen könnte. Die Bremse leidet daher an den Mängeln der Solenoidbremse mit Handbremsenbenutzung. Anderseits verhält sie sich aber wie ein Solenoid mit Kraftlinienschwächung und schließlich wie eine Scheibenbremse, da ihre Wirkung ohne Rücksicht auf die Schienenbeschaffenheit stattfindet.

Abschnitt II.

Das tatsächliche Versagen der Bremsen.

Ist es schon nicht leicht, die Fälle festzustellen, in denen ein scheinbares Versagen der Bremse stattgefunden hat, so ist es noch bedeutend schwieriger, ein wirkliches, vorübergehendes, gänzliches oder teilweises Versagen der Bremse, das keine bleibenden Merkmale hinterlassen hat, festzustellen. Jedoch gibt es glücklicherweise Mittel, die Möglichkeit eines Fehlers festzustellen, ja sogar ihnen von vornherein zu begegnen.

Unter den bisher ausgeführten Bremsen ist es ein Vorzug der Luftbremse, daß ihre Beschaffenheit an dem vor dem Fahrer angeordneten Manometer erkennbar ist. Anders ist es bei den elektrischen Bremsen. Zwar ist die elektrische Erregung der als Generator geschalteten Motoren ausreichend sicher, aber die bisherigen Konstruktionen lassen Isolationsfehler in den Bremsen selbst und insbesondere auch in den Leitungen zu, die sich erst beim Bremsen bemerkbar machen, und dann ist es natürlich zu spät. In dieser Hinsicht ist die Stöpseldose, durch die der Anschluß des Anhängewagens bewirkt wird, zu beachten.

Oft sind die Stöpseldosen an die Außenseite der die Stirnwände der Wagenperrons bekleidenden Bleche angesetzt, während die stromzuleitenden Kabel durch Bohrungen dieser Bleche hindurchgesteckt sind. Es liegt in der Natur der Sache, daß die Stirnbleche ständig Erdschluß haben, so daß die durchgeführten Kabel die Tendenz erhalten, nach ihnen durchzuschlagen. Häufig genug ist auch die Isolation der Kabel gegen das Blech von vornherein recht mangelhaft ausgeführt. Durch die Stöße des Wagens scheuern die Kabel an der scharfen Blechkante, vielleicht wird auch die Isolation hart und brüchig, kurzum, eines Tages tritt das Kabel mit dem Blech in Kontakt. Dabei braucht dieser Kontakt kein dauernder zu sein; eine heftige Bewegung des Wagens schleudert das Kabel gegen die Blechkante, das dann nach Aufhören des Stoßes in seine vorherige Lage zurückkehrt und damit den Schluß wieder aufhebt. Eine nunmehrige Prüfung ergibt einwandsfreie Isolation, und doch hatte zuvor ein sog. fliegender Kurzschluß stattgefunden. Erst wenn einmal zufällig der fliegende Schluß gleichzeitig mit einer größeren Stromstärke in den Kabeln auftritt, macht er sich durch einen Brand bemerkbar, und jeder Praktiker weiß, daß Dosenbrände vorkommen.

Aber auch ein eingedrungenes Spritzwasser, namentlich Salzwasser, ist imstande, vorübergehende Störungen zu verursachen. Und gerade im Winter bei Schneefall stehen die Rillenschienen voll Salzwasser, das durch die Räder durchgepeitscht wird. In Anbetracht der vorhandenen Nässe auf den Schienen macht sich dann bei der ohnehin geringen Bremsleistung jede Störung in der Bremse doppelt bemerkbar. Der auftretende Kurzschluß ist imstande, das eingedrungene Spritzwasser zu verdampfen und so den späteren Nachweis einer Störung unmöglich zu machen.

Wenn auch nicht so häufig wie die Anschlußdosen sind auch die Zuleitungskabel oder andere elektrische Ausrüstungsgegenstände ähnlichen Zufällen ausgesetzt. Sind jedoch die Apparate selbst richtig durchgebildet, so ist ein vorübergehender Kurzschluß wegen der unverrückbaren Lagerung und Einkapselung aller elektrischen Teile ausgeschlossen; ein bleibender Schluß dagegen ist ohne weiteres nachzuweisen, so daß den Fahrer unschuldig kein Vorwurf treffen kann. Damit ist vom juristischen Standpunkte aus ein befriedigendes Resultat vorhanden. Wenn nun zwar die Möglichkeit vorübergehender Störungen in den Kabeln und Anschlußdosen vorhanden ist, so ist damit noch nicht bewiesen, daß sie einen erheblichen Einfluß auf die Bremsung ausüben müßten. Eine genaue Untersuchung, inwieweit dies zutreffen könnte, ist vielmehr an der Hand des Schaltungsschemas geboten.

In Fig. 153 ist eine der leider noch recht gebräuchlichen Schaltungen dargestellt, und zwar gibt die obere Zeichnung eine Darstellung und die untere eine schematische Übersicht der Verbindungen.

Während bei der Fahrt die Gruppierung der einzelnen Aggregate, der Anker, der Felder etc., nur einen Einfluß auf die Einfachheit des Schalters besitzt, ist gerade diese Gruppierung während der Bremsung äußerst belangreich. Bei einer sachgemäß angelegten Schaltung können selbst schwere Kurzschlüsse ohne erheblichen Einfluß auf die Bremswirkung bleiben, dagegen führen auch geringere Kurzschlüsse bei schlecht durchgebildeten

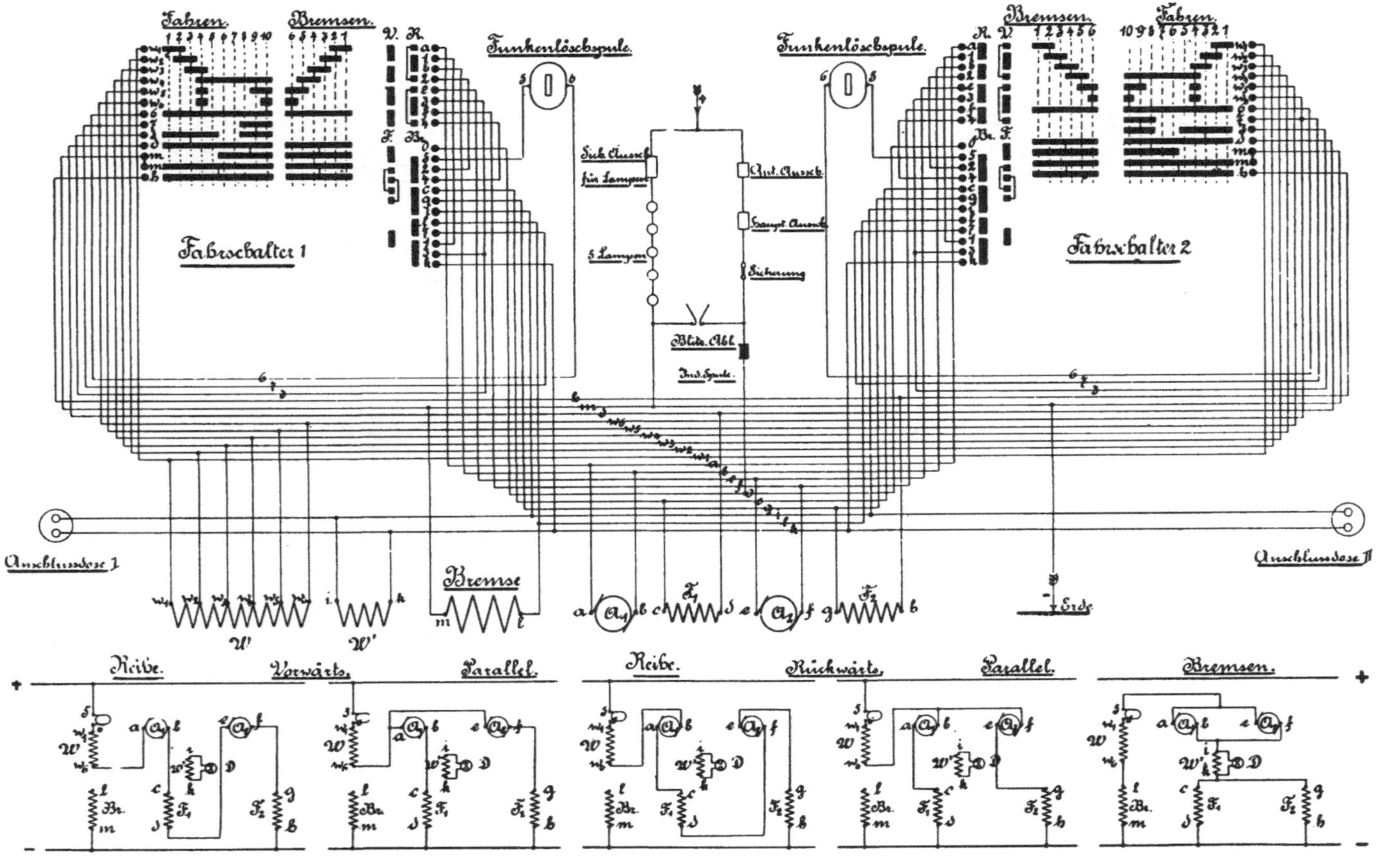

Fig. 153. Wagenschaltungsschema mit fehlerhafter Anordnung der Bremse.

Schaltungen häufig zu schweren Beeinträchtigungen der Bremswirkung.

In dem in Fig. 153 dargestellten Schema liegen der Bremswiderstand W' sowie die Anschlußdose D beim Bremsen zwischen den Feldermagneten und den Ankern der Motoren. Bekommt ein Teil der Leitungen einerseits zwischen b und f und anderseits zwischen c und g auch nur einen leichten Erdschluß, so findet eine Ablenkung bzw. Teilung des Erregerstromes statt und dies im Augenblick des sich gegenseitig steigernden Einflusses von Feld und Anker. Infolgedessen wird die Erregung des Feldes und damit die zum Bremsen notwendige Stromerzeugung unterdrückt. Ist die Ablenkung eine hinreichend starke, so unterbleibt überhaupt die Entwicklung eines stärkeren Stromes, und es sind selbst, wenn man alle Kabel auseinandernimmt, nicht einmal die Spuren eines vorher stattgehabten Stromüberganges zu finden. Trotzdem hat aber die Bremsung eine erhebliche Beeinträchtigung erfahren. Es ist in solchen Fällen für den Sachverständigen außerordentlich schwer, über die Schuld an einem Zusammenstoß ein Gutachten abzugeben. Seine Untersuchung hätte sich darauf zu beschränken, ob an den in Frage kommenden Teilen oder Kabeln eine solche Verschlechterung der Isolation stattgefunden hat, daß überhaupt die Möglichkeit des geschilderten Zufalles vorlag. Eine solche Untersuchung ist allerdings ebenso zeitraubend wie kostspielig, da sie eine umfangreiche Demontage des Wagens erfordert. Ergibt die Untersuchung die in Rede stehende Möglichkeit, so ist sie auch ohne weiteres für das Eintreten des zuvor genannten Zufalles vorhanden.

Demnach könnte es nun scheinen, als ob die elektrische Bremsung nur eine ganz bedingte Zuverlässigkeit besäße. Tatsächlich ist die Sache aber nicht so schlimm. Nimmt man als Beispiel einer theoretischen Untersuchung den vorhin bereits angezogenen Wagen mit zwei Reihenschlußmotoren für je 30 Amp. und 550 Volt an, so kann man deren Feldwiderstand auf je 0,4 Ohm schätzen. Die beim Bremsen parallel geschalteten Felder haben somit einen Widerstand

$$W_s = 0,2 \text{ Ohm.}$$

Solange jedes Feld eine Stromstärke von 30 Amp. erhält, ist die Erregung eine normale. Beim Bremsen ist jedoch bis herab auf ganz geringe Geschwindigkeit durch

Abschalten der Widerstände stets eine Stromstärke zu erzielen, die weit über 30 Amp. pro Motor hinausgeht. Nimmt man z. B. eine verfügbare Gesamtstromstärke von 120 Amp. an, so muß der Kurzschluß schon den geringen Wert von 0,2 Ohm erreichen, um die Stromstärke in den Feldern auf 30 Amp. herabzudrücken. Um aber eine Schwächung der Felder unter seine normale Stärke zu erzielen, müßte der Nebenschluß noch geringeren Widerstand besitzen.

Wenn man bezeichnet mit

N die Feldstärke der Motoren,

I die Ankerstromstärke,

so ist das durch die Motoren selbst erzeugte bremsende Moment

$$M = I\,N \text{ const.}$$

Durch eine Schwächung der Felder wird daher gleichzeitig eine Schwächung des Bremsmomentes entstehen.

Bei reinen Kurzschlußbremsen, deren Leitung ohne Gefährdung der Motoren an und für sich schon eine begrenzte ist, stellt deshalb ein solcher Zufall die ganze Bremsung in Frage. Auch dieses Umstandes wegen ist die reine Kurzschlußbremsung zu verwerfen.

Liegen dagegen im Bremsstromkreise außerdem elektromagnetische Bremsen, so macht sich der Erdschluß der Feldschwächung nur in geringerem Maße geltend, solange überhaupt noch eine annehmbare Stromstärke erzeugt wird; denn die Leistung einer Magnetbremse ist lediglich durch die vorhandene Stromstärke bedingt.

Wollte man die oben angefangene theoretische Untersuchung über den Einfluß der Feldschwächung auf die Stromstärke weiter verfolgen, so wäre es ein leichtes, an der Hand der Charakteristik der Motoren kurvenmäßig die diesbezüglichen Gesetze festzulegen. Leider aber würde der so konstruierte Zusammenhang falsch sein, da in Wirklichkeit die recht beträchtliche Selbstinduktion in den Motoren das Bild wesentlich verschiebt.

Es war daher geboten, praktische Versuche darüber anzustellen. Dies geschah durch den Verfasser mit einem zweiachsigen Motorwagen, dessen Abmessungen den in dem angezogenen Beispiel erwähnten entsprechen.

Die Ausführung des Versuches geschah in der Weise, daß dem Wagen eine Geschwindigkeit von 20 km die Stunde erteilt wurde und die auf den einzelnen Brems-

stellungen erzielbaren Stromstärken ermittelt wurden,
während zwischen *i* und *m* (Fig. 153) je ein bestimmter
Kurzschluß künstlich hergestellt wurde.

Das Versuchsergebnis ist in Fig. 154 in Kurven
zusammengestellt.

Als Ordinaten sind die Stromstärken, als Abszissen
die im Hauptstromkreise befindlichen Vorschaltwiderstände einschließlich der Eigenwiderstände der Motoren

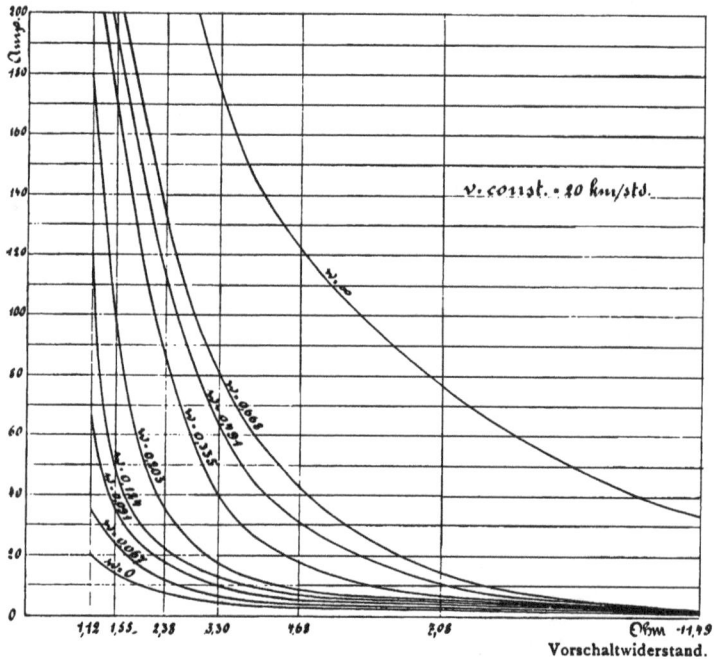

Fig. 154. Bremsstromstärke eines nach Fig. 153 geschalteten Wagens
mit *w* Ohm parallel zum Feld.

aufgetragen. Die Zahlen an den Kurven selbst geben
den jeweilig zwischen *i* und *m* eingeschalteten Widerstand an.

Es folgt aus den Kurven, daß der Kurzschluß schon
recht kleine Widerstandswerte annehmen muß, um nach
Abschaltung des Vorschaltwiderstandes die Stromerzeugung zu unterbinden, da bei einem Nebenschluß von
0,142 Ohm noch 120 Amp. erzeugt werden können, die

eine elektromagnetische Bremse sehr kräftig zu betätigen
imstande sind. Allerdings läßt mit sinkender Geschwindigkeit die Stromstärke nach, ohne daß nun noch eine
Steigerung erreichbar wäre. In einem solchen Falle
müßte daher der Fahrer, sowie er die Abnahme der
Bremswirkung verspürt, die Handbremse anziehen. Nun
ist aber im vorigen Abschnitt bereits erörtert, daß auch
andere Erscheinungen eine Minderung der Bremsleistung
herbeiführen können und daß bei Auftreten dieser die
Handbremse die Gefahr geradezu erhöhen kann. Unmöglich kann der Fahrer im Augenblicke der Gefahr
beurteilen, ob der eine oder andere Zustand eingetreten
ist. Es empfiehlt sich deshalb auch aus diesem Grunde,
die zuvor erwähnten Solenoidbremsen mit teilweiser
Selbstsperrung zu verwenden, die auch nach Aufhören
des Stromstoßes die Bremsklötze angepreßt halten.

Anderseits gibt aber der geringe Widerstandswert,
den der Kurzschluß annehmen muß, sowohl die Gewähr
einer relativen Seltenheit seines Auftretens als auch seiner
zuverlässigen Auffindbarkeit.

Bei größeren Fahrgeschwindigkeiten als sie hier zu-
grunde liegen, gestalten sich natürlich die Stromerzeu-
gungsbedingungen noch günstiger, während bei niedereren
Geschwindigkeiten auch kleinere Stromstöße eine ausreichende Bremswirkung auf Magnetbremsen hervorbringen.
Bei noch geringeren Geschwindigkeiten kann ferner auch
die Handbremse benutzt werden.

Was schließlich die Aufsuchung der Fehlerquellen
anlangt, so kann diese, wie schon gesagt, eine recht umfangreiche Demontage der elektrischen Ausrüstung des
Wagens erheischen. Damit würden erhebliche Störungen
im Betriebe, namentlich kleinerer Bahnen, entstehen.
Ganz abgesehen von Sicherheitsrücksichten muß deshalb
schon aus juristischen und wirtschaftlichen Gründen die
Verwendung derartiger Schaltungen verwerflich er-
scheinen. Die Anordnung der einzelnen Aggregate in
der Schaltung hat daher stets so zu erfolgen, daß die
Stöpseldose nicht zwischen den Feldmagneten und den
Ankern liegt und letztere durch möglichst wenig Zwischen-
leiter verbunden werden. Ein Beispiel für ein solches
Schema zeigt Fig. 155. Die zuvor gewählten Bezeichnungen sind beibehalten. Es liegt hier die Stöpseldose
zwischen der Bremse und der Erdleitung. Damit ist ihrem

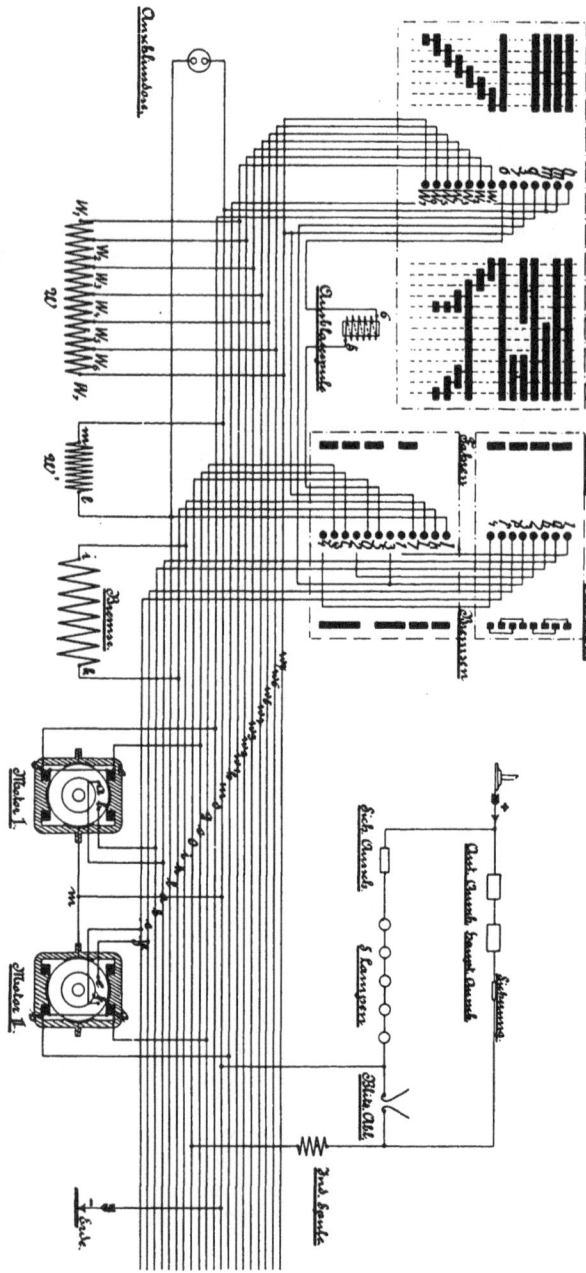

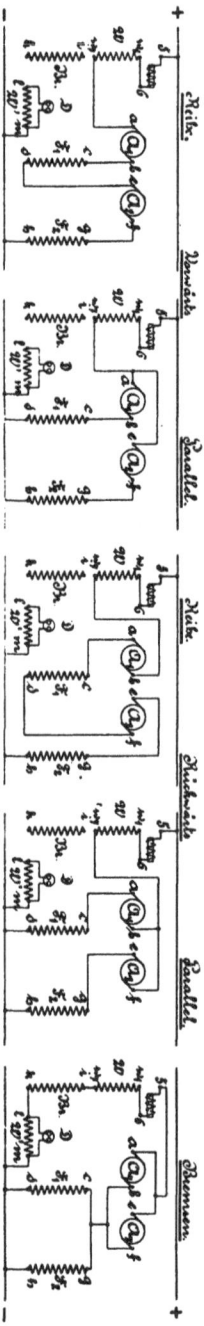

Fig. 155. Wagenschaltungsschema mit richtiger Lage der Bremsdose.

einen Pol ohne weiteres das Erdpotential erteilt und ein Schluß an ihm vermieden. Es können nun grundsätzlich drei Arten von Kurzschlüssen auftreten:

1. An den zwischen Feldmagnet und Anker liegenden Kabeln mit anderen Kabeln;

2. an den übrigen Kabeln derart, daß die Bremse bzw. Stöpseldose im Nebenschluß liegt;

3. ebenfalls an den übrigen Kabeln, aber derart, daß die Vorschaltwiderstände im Nebenschluß liegen.

In fast allen Fällen, in denen nicht im Schalter selbst der Kurzschluß entsteht, wird er durch Schluß eines Kabels od. dgl. mit einem geerdeten Metallteil des Wagens gebildet. Verhältnismäßig selten kommt ein Kontakt zwischen zwei Kabeln vor, da hier in jedem Falle bereits an beiden die Isolation defekt sein muß.

Für den Fall 1 gelten, gleichviel wie der Kurzschluß zustande kommt, die zuvor an dem Schema Fig. 153 bei mangelhafter Isolation in der Anschlußdose angestellten Betrachtungen.

Im Falle 2 tritt je nach dem Ohmschen Widerstand des Nebenschlusses eine Minderung der Leistung der elektromagnetischen Bremsen des Motor- bzw. Anhängewagens ein. Gleichzeitig wird aber der Motorwagen durch die kurzgeschlossenen Motoren gebremst, so daß immer noch eine, wenn auch verringerte Bremskraft verfügbar ist.

Bedenklicher gestaltet sich schon der Fall 3, da in diesem bei Vorhandensein eines stärkeren Schlusses die Motoren auf die Bremsen nahezu ohne Widerstand kurzgeschlossen sind. Es wird daher sofort eine so hohe Stromstärke erzeugt, daß die Räder mit einem Stoß festgestellt werden und der Wagen ins Rutschen gerät. Dabei liegt bei einer reinen Kurzschlußbremse die Gefahr des Durchschlagens der Anker und damit des gänzlichen Versagens der Bremse vor, während bei elektromagnetischen Scheibenbremsen unter ungünstigen Umständen eine über den ganzen Bremsweg, der natürlich gemäß Fig. 133 bis 143 (Heft 8) sehr lang ausfällt, dauernde Feststellung der Räder erfolgt.

Besser sind in dieser Hinsicht schon die bisher benutzten Solenoidbremsen, da diese nach einiger Zeit[1]),

---

[1]) Vgl. E. B. 1904, Heft 16.

wenn der Strom infolge Stillstandes der Anker bis auf einen Minimalwert gesunken ist (es dauert das aber immerhin einige Zeit wegen der im Stromkreise liegenden hohen Selbstinduktion), die Räder wieder loslassen, bis sich bei erneuter Erregung das Spiel abermals wiederholt, solange bis der Wagen zum Stillstand kommt.

Am zweckmäßigsten sind jedoch die neuerdings von der Kontinentalen Bremsengesellschaft vorm. H. H. Boeker & Co. gebauten Solenoidbremsen, die bei Einzug des Kernes eine künstliche Verschlechterung des Kraftlinienweges erfahren, da sie bei richtiger Anordnung der Stromstärke gehorchen und sich deshalb schon bei geringer Abnahme in entsprechender Weise lockern, so daß ein etwa momentan erfolgtes Feststellen der Räder in ganz kurzer Zeit behoben wird und die Möglichkeit einer Ausbalancierung der abbremsbaren und abgebremsten Kraft unter entsprechendem Schlüpfen der Räder aber bei dauernder Rotation gegeben ist.

Ein gleichzeitiges Auftreten der Zufälle 1 und 2, 1 und 3, 2 und 3 oder gar 1, 2 und 3 erfordert das gleichzeitige Zusammentreffen mehrerer Einzelzufälle; es dürfte daher nur in den allerseltensten Fällen vorkommen und ist bis jetzt überhaupt nicht zur Kenntnis des Verfassers gelangt.

Die daraus resultierenden Folgen ergeben sich ohne weiteres aus dem Vorangehenden.

Die Nachweisbarkeit eines der Fälle zu 1 ist bereits erläutert.

Tritt in den Fällen 2 oder 3 ein Kurzschluß von irgend welcher Bedeutung auf, so macht er sich bei den hohen, beim Bremsen verwandten Stromstärken durch Brennen der Kabel od. dgl. bemerkbar, allerdings häufig erst dann, wenn es zu spät ist, um ein Unglück zu verhüten, da gerade bei Notbremsungen die Stromstärke höhere Werte annimmt und Isolationsstörungen sich in einem solchen Falle doppelt fühlbar machen.

Vom technischen Standpunkte aus ist es daher geboten, die Strombremse auch bei Betriebsbremsungen zu benutzen, damit sich etwaige Schäden schon bei ihnen, nicht aber erst bei Notbremsungen zeigen. Eine zuverlässige Kontrolle ist jedoch damit noch nicht geschaffen. Es können nämlich kleine Isolationsfehler, die sich bei Betriebsbremsungen nicht bemerkbar machen, bei den höheren auftretenden Spannungen der Gefahrbremsung die Ursache erheblicher Störungen werden. Und es ist wesentlich, daß solche Fehler schon im kleinen, nicht aber erst an ihren verderblichen Folgen erkannt werden; vor allen Dingen aber nicht erst beim Bremsen, sondern schon während der Fahrt, damit man rechtzeitig die nötigen Vorsichtsmaßregeln zur Verhütung von Unfällen treffen kann. Eine einfache Art einer derartigen Einrichtung zeigt Fig. 156.

Die Schaltung ist hier derartig vorgesehen, daß während der Fahrt auch die zum Fahren nicht benutzten Kabel und die Bremsen unter der vollen Betriebsspannung stehen und daher volle Spannung gegen Erde besitzen, so daß irgend welche Isolationsfehler von Belang sich durch Brennen schon während der Fahrt bemerkbar machen.

Die Anhängerbremsen sind hier nicht parallel zu einem besonderen Widerstand (W' in Fig. 155) geschaltet, sondern zu dem Teil (W_6, W_7) des Vorschaltwiderstandes W, der erst auf dem letzten Bremskontakt kurzgeschlossen wird. Es ist auf diese Weise der Gesamtwiderstand des Kurzschlußstromkreises verringert, so daß auch bei ganz kleinen Geschwindigkeiten (ca. 2 km) noch eine Erregung der Motorwagenbremse stattfindet. Dabei ist dann bei der kleinen Fahrgeschwindigkeit die Wirkung der Anhängerbremse entbehrlich, und es ist besser, daß eine Bremse, nämlich die des schweren Motorwagens, erregt wird als gar keine. Bei Bremsungen, namentlich bei Notbremsungen, die bei einer höheren Geschwindigkeit beginnen, verzögert hingegen die Selbstinduktion in der Anhängerbremse die Stromabnahme derart, daß sie bis zum Stillstand des Zuges bremst.

Parallel zu der Stöpseldose ist ein relativ hoher Widerstand W'' von etwa 10 Ohm geschaltet, vermittelst dessen während der Fahrt die Bremse Br und deren Zuleitung unter Spannung stehen. Tritt an den letztgenannten Teilen nun z. B. ein Erdschluß ein von etwa 1 Ohm Widerstand, so entsteht bei 550 Volt Betriebsspannung ein Strom

$$J = \frac{550}{10 + 1} = 50 \text{ Amp.,}$$

der sich ausreichend bemerkbar macht.

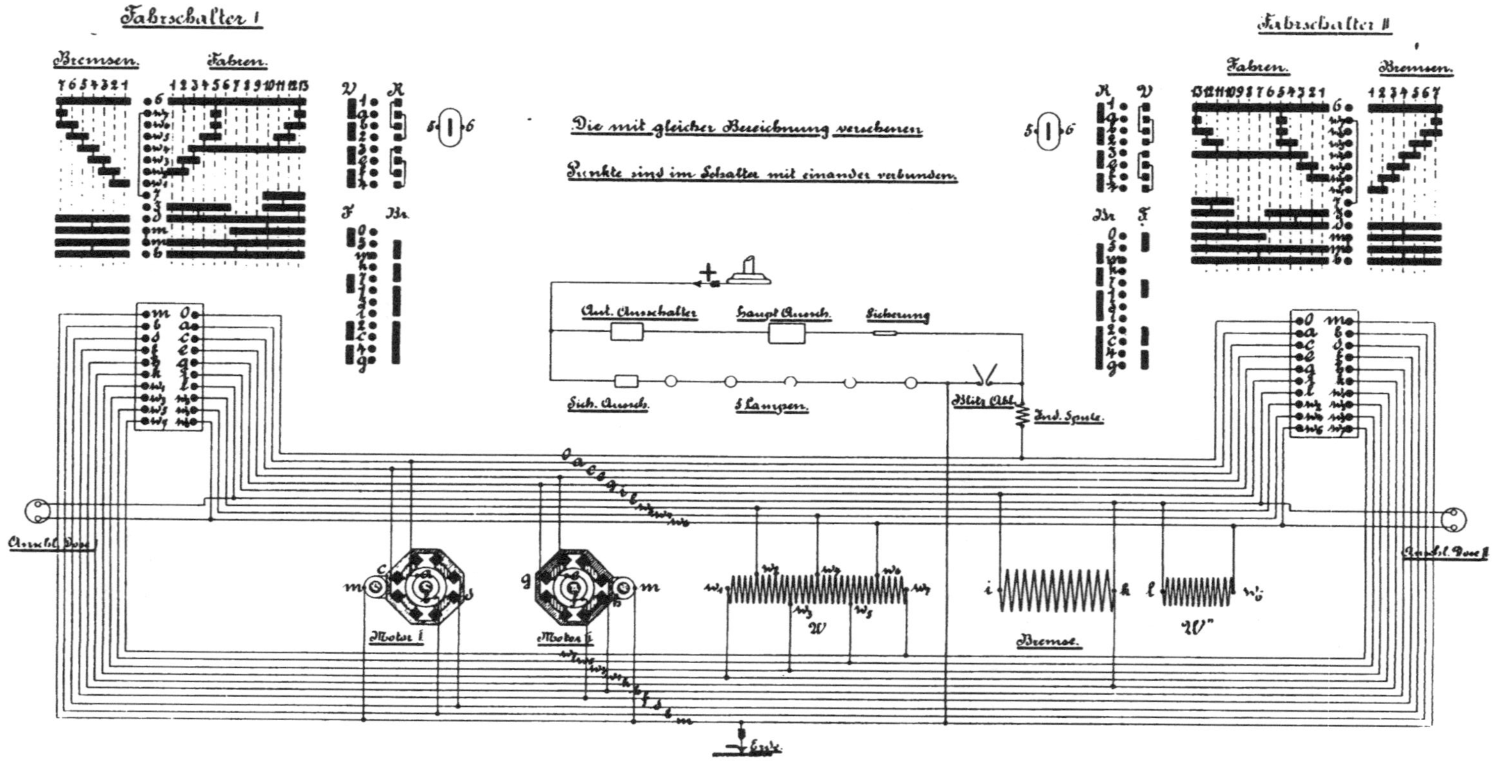

Fahrschalter I
Bremsen.
Fahren.
Fahrschalter II
Die mit gleicher Bezeichnung versehenen
Punkte sind im Schalter mit einander verbunden.
Aut. Ausschalter
Haupt Ausch.
Sicherung
Sich. Ausch.
5 Lampen.
Blitz Abl.
Ind. Spule.
Anschl. Dose I
Anschl. Dose II
Motor I
Motor II
W
Bremse.
W"
Erde.

Beim Bremsen dagegen beeinträchtigt W'' die Anhängerbremse, die etwa nur den 25. Teil dieses Widerstandes besitzt, nur ganz unmerklich.

Es steht natürlich auch nichts im Wege, daß man bei dieser Schaltung in entsprechender Weise, wie in Fig. 155, einen besonderen Bremswiderstand W' benutzt.

Man hat der Luftbremse oft als Vorzug nachgerühmt, daß man sich von ihrer ordnungsmäßigen Beschaffenheit durch einen Blick auf das am Fahrerstande befindliche Manometer überzeugen könne: eine ganz entsprechende Anzeigevorrichtung kann man hier vorsehen.

Anstatt die Bremsen und die zugehörigen Leitungen direkt an das Netz anzuschließen, bewirkt man gemäß Fig. 157 deren Anschluß durch zwei auf dem Vorder- und Hinterperron angebrachte, hier nur schematisch dargestellte Anzeigeapparate Y_1 und Y_2, die während der Bremsung durch den Schalter kurzgeschlossen bzw. abgeschaltet werden. Die Anzeigeapparate bestehen im wesentlichen aus einem Zeiger, den eine Feder aus der Ruhestellung in die mit »Gefahr« bezeichnete Stellung zu drehen sucht. Eine kleine Schmelzsicherung S hält ihn jedoch so lange fest, bis sie durch Auftreten schon eines geringen Stromes, der nur durch Beschädigung in der Bremsleitung entstehen kann, zerstört wird.

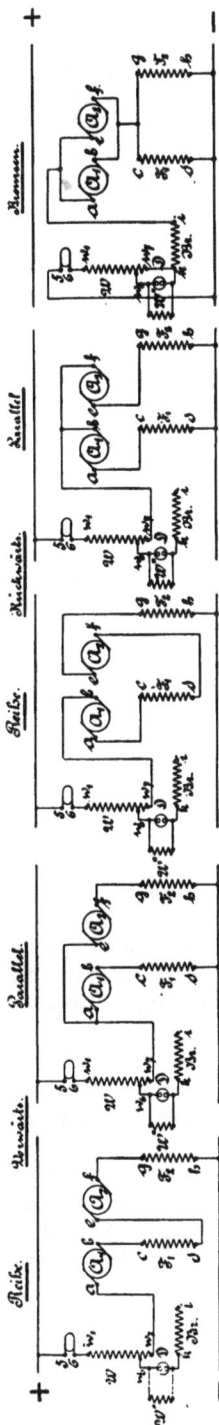

Fig. 156. Wagenschaltungsschema mit dauernd unter Spannung stehenden Bremsen und Bremskabeln.

Alsdann schnellt der Zeiger in die »Gefahr«-Stellung und zeigt dem Fahrer die nicht ordnungsmäßige Beschaffenheit der Bremse an. Gleichzeitig werden damit die schadhaften Teile vom Leitungsnetz abgeschaltet, so daß Anschmorungen od. dgl. vermieden werden und größere

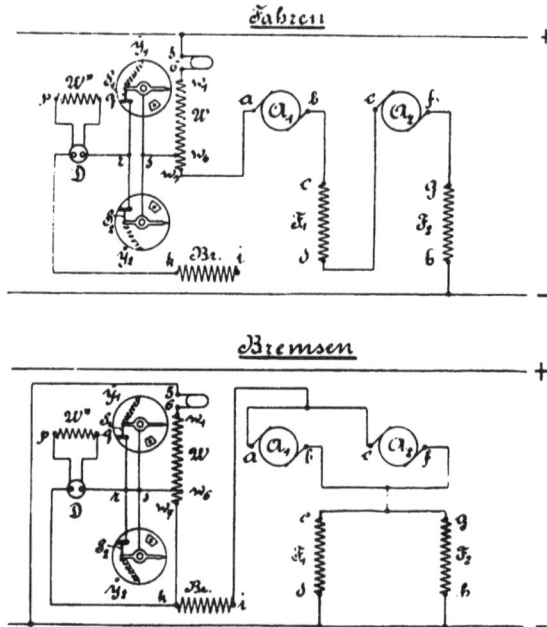

Fig. 157.
Wagenschaltung mit Anzeigevorrichtung für die Bremseinrichtung.

Reparaturen durch rechtzeitige Entdeckung und Beseitigung kleinerer Fehler in Fortfall kommen, so daß die geringen Anschaffungskosten für einen derartigen Apparat sich reichlich bezahlt machen.

Beschädigungen der zum Fahren benutzten Apparate und Kabel zeigen sich hier wie auch sonst durch Brennen bzw. Schmoren an und machen wie stets die Außerbetriebsetzung des Wagens erforderlich.

Schließlich kann auch noch durch eine spezielle Erscheinung ein tatsächliches Versagen der Bremse eintreten, und zwar, wenn die Kommutatoren der Maschinen nicht genügend sauber gehalten werden. Es bildet sich dann, namentlich bei Verwendung einzelner schmierender Kohlesorten als Stromabnehmer, eine dünne eventuell leitende Schicht auf dem Kommutator, die zwar beim Fahren nicht merklich hindert, beim Bremsen aber den Strom im Entstehen hindern kann. Dem kann man jedoch ohne Schwierigkeit durch saubere Wartung des Kommutators entgegentreten, und im Falle eines Unfalles ist es leicht, den Zustand des Kommutators zu untersuchen und etwaige Mängel festzustellen.

Für wirtschaftlich schwächere Bahnen ist die Möglichkeit der Benutzung einer elektrischen Bremse häufig eine Lebensfrage. Ihre Betriebssicherheit auf ein Maximum zu bringen ist deshalb eine der vornehmsten Aufgaben des Straßenbahningenieurs. In richtiger Durchbildung in allen Einzelheiten steht sie jetzt schon, wie oben nachgewiesen, der Luftbremse an Sicherheit bezüglich des wirklichen Versagens nicht nach; mit Bezug auf das scheinbare Versagen besitzt sie jedoch den Vorzug einer Art von Selbstregulierung zur Verhütung des Rutschens.

Wesentlich aber im juristischen Sinne ist es, daß auch die weniger vollkommenen Formen elektrischer Bremsen den Nachweis einer stattgehabten Störung, wenn auch mit Schwierigkeiten, zulassen.

Einen Nachweis, ob eine Bremsung scheinbar versagt hat oder nicht, praktisch zu erbringen, ist bisher nicht gelungen; es sei denn durch die allerdings häufig recht widersprechenden Angaben von Augenzeugen.

Solange es nicht gelingt, einen unbedingt zuverlässigen Sandstreuer zu konstruieren, wird man daher gut tun, die Bremsen so durchzubilden, daß das Gleiten und die Feststellung der Räder vermieden werden.

www.ingramcontent.com/pod-product-compliance
Lightning Source LLC
Chambersburg PA
CBHW031455180326
41458CB00002B/770